AF649097

DIE

STELLUNG DES FORSCHERS GEGENÜBBER DEM PROBLEM DES LEBENS.

DIE
STELLUNG DES FORSCHERS
GEGENÜBER
DEM PROBLEM DES LEBENS.

REDE
ZUM ANTRITT DES LEHRAMTS DER PHYSIOLOGIE
AN DER HOCHSCHULE ZU ZÜRICH

VON

JUSTUS GAULE.

LEIPZIG,
VERLAG VON VEIT & COMP.
1887.

Druck von Metzger & Wittig in Leipzig.

Wer sich in die Wurzeln des eigenen Lebens hineinzudenken bemüht, wird von einem geheimnissvollen Grauen beschlichen, als grübe er sich selbst sein Grab. Mit Scheu betrachtet der gewöhnliche Verstand die Organe des Körpers, mit Widerwillen denkt er sich hinein in ihre Funktionen; und sich selbst als ein Spiel innerer, mit Nothwendigkeit wirkender Kräfte sich vorzustellen, ist ihm unmöglich. Anders der wissenschaftlich Gebildete — ihm erscheint die Lösung vom Räthsel des Lebens als die höchste Blüthe des menschlichen Geistes.

Woher aber kommt uns diese Ueberwindung einer Scheu, mit der nicht blos vieltausendjährige Vorurtheile, sondern ein Instinkt der Natur selbst das Eindringen in die Geheimnisse unseres Körpers verwehren? Wir schöpfen diese Kraft aus denselben Quellen, aus denen alle unsere Bildung fliesst. Aus dem ewig alten Kampfe nämlich, den die Menschheit führt mit den Gewalten der Natur — aus dem Kampfe, der unseren Körper gestählt, unseren Verstand erzogen und unseren Geist gebildet hat. Denn nicht der Kampf der Menschen untereinander ist es — der Kampf mit der Natur bildet den Hauptinhalt der Vergangenheit des Menschengeschlechts, wenn auch die Geschichtsbücher nichts von ihm erzählen. Und dieser Kampf, wie er das Haupterziehungsmittel unserer Gattung geworden ist, so wirkt er noch auf jeden Einzelnen unter uns. Die Geschichte des Werdens unseres eigenen Geistes ist angefüllt mit tausend kleinen Kämpfen, in denen wir die Waffen, die unsere Vorfahren geschmiedet, erproben und führen lernen. Wir sind andere Menschen geworden. Nicht mehr als willenlose Sklaven, als hülflose, jeder durch die Welt brausenden Woge des Unglücks preisgegebene Geschöpfe stehen wir der Natur gegenüber, und auch nicht mehr mit heiliger Scheu staunen wir ihr Werk an. Nein, wenn auch der Einzelne dahinsinkt, ohne mehr als einen Zoll breit Boden in dem Kampfe gewonnen zu haben, es dämmert in uns Allen das Bewusstsein, dass unserem Geschlecht doch der Sieg bestimmt ist, dass als herrlichste Frucht ihrer Entwickelung der Menschheit die Herrschaft über die Natur winkt. Wir würden Frevler sein, hätten wir einen solchen Kampf freiwillig unternommen. Aber er ist uns aufgezwungen worden, und zwar durch die Nothwendigkeit der Selbsterhaltung. Nie würden wir den Blick anders als bewundernd auf die uns umgebende Welt gerichtet haben, ohne die tyrannische Gewalt, mit der die Natur unser eigenes Dasein bedroht.

Es galt, einen Schutz gegen dieselbe zu finden, und einen solchen Schutz gab es, denn die Natur waltet nicht willkürlich, sondern an Gesetze gebunden. Wir mussten die Gesetze kennen lernen, um den Strafen zu entgehen. Diese Strafen, wir zahlten sie mit unserem eigenen Leibe; sein vieltausendjähriges Leid ist der Preis, um den wir unsere wachsende Erfahrung gewannen. So knüpft denn an unserem Leibe die erwachende Wissenschaft an. In ihrem ersten Stadium ist sie ganz Medizin, entsprungen aus der Sehnsucht nach der Erlösung vom Schmerz. Aber die Erkenntniss muss mit dem Einfachen beginnen und der Mensch ist das verwickeltste Phänomen der Natur. Daher führen die ersten bewussten Schritte die Wissenschaft hinweg von dem Leiden des Menschen, aus der sie entsprungen war, und richten sich nach den einfacheren Erscheinungen. Erst spät kehrt sie zu ihrem Ausgangspunkt zurück und wagt es, auch in dem Leben des Menschen nach Gesetzen zu fragen. Es ist ein wunderbarer Schritt, sich selbst nicht blos als Subjekt, sondern als Objekt, als zu erforschenden Theil der Natur aufzufassen. Wer weiss, ob wir jemals dazu gekommen wären, ihn zu wagen, wenn es nicht ausser uns Wesen gäbe, die uns die Erscheinungen unseres eigenen Lebens in einem verkleinernden Spiegel zeigen. Thiere und Pflanzen erhalten wie wir ihr Dasein im Kampfe gegen die Natur, oft unter ähnlichen Bedingungen mit denselben Hülfsmitteln. Ihr Leiden und Streben ist auch das unsere, aber keine Scheu hindert uns, dasselbe zu analysiren, kein Schleier subjektiver Empfindung legt sich uns vor das Auge, wenn wir ihre Stellung zur Welt betrachten. Und ihr Dasein ist einfacher; eine Reihe von Uebergängen scheint die

Verbindung zwischen den niedersten und den höchsten Formen herzustellen und eine Handhabe für die Erklärung der letzteren durch die ersteren zu bieten.

Aber doch stellt die Erforschung der lebenden Wesen die Wissenschaft auf eine harte Probe. Scheint sie nicht geradezu unter der ungeheuren Mannigfaltigkeit der Probleme, welche das Leben in allen seinen Erscheinungsformen darbietet, zu erliegen? Und hört nicht die Anwendbarkeit ihres vorzüglichsten Hülfsmittels, der Zerlegung der Vorgänge, gerade da auf, wo es sich darum handelt, das Leben zu erklären, das verschwindet, wenn man es zerlegt? Kommt man überhaupt der Erklärung des Lebens näher, selbst wenn es gelingt, chemische Vorgänge in den lebenden Wesen chemisch, physikalische physikalisch zu erklären? Beruht nicht das Leben gerade auf der wunderbaren Kombination aller Kräfte unter einander und mit den Formen der lebenden Wesen, und kann uns da die Analyse dieser Kräfte zum Ziele führen? Zeigt nicht die immer mehr sich vertiefende Trennung zwischen den Vertretern der morphologischen und der mechanischen Auffassung in der Erforschung der lebenden Wesen, dass die Wissenschaft sich nicht dem Kern des Problems nähert, an dem jene sich ja zusammenfinden müssten, sondern dass sie sich davon entfernt? Und liegt nicht im Hintergrund die Ueberzeugung, dass das Leben nicht erklärt ist, wenn man nicht alle seine Fähigkeiten, also auch unser Denken, unser Streben nach Erkenntniss erklärt habe?

Diese Bedenken, diese Zweifel haben uns viel von dem fröhlichen Muthe, den grossen Hoffnungen genommen, mit denen sich die Wissenschaft dem Problem des Lebens zuwendete. Diejenigen, die sich die Grösse der Aufgabe am klarsten vorstellen konnten, sind die ersten gewesen, die Zweifel an ihrer Lösbarkeit auszusprechen. Ich weiss nicht, was mir den Muth giebt, ihnen zu widersprechen, allein ich kann die Hoffnung in mir nicht zum Schweigen bringen. So mögen Sie denn hören, wie ich mir den Weg denke, auf welchem die Schwierigkeiten überwunden werden könnten.

So ungeheuer die Formenfülle und die Daseinsmannichfaltigkeit der lebenden Wesen auch ist, so lehren uns gewisse gemeinschaftliche Grenzen, die für das Leben Aller existiren, dass der in ihnen sich abspielende Prozess in seinen Hauptgrundzügen überall der gleiche sein muss. Niemand, der das schöne Buch von Claude Bernard: *Sur les phénomènes de la vie communs aux animaux et aux végétaux* liest, wird sich dieser Ueberzeugung verschliessen können. Mir ist aus ihm der Glaube erwachsen, dass es möglich sein müsse, unter den unendlich vielen Variationen, welche der Lebensprozess der Einzelwesen darstellt, das Allen Gleichartige, das Leben κατ' ἐξοχήν zu erkennen. Alles, was die Chemie uns lehrt, führt zu einer Bestätigung der Ansicht, dass der Stoffwechsel der Organismen in seinen wesentlichen Zügen überall gleichartig verlaufe. Nachdem die Botaniker uns die Zerlegung der Kohlensäure als die Thätigkeit eines besonderen Apparates nachgewiesen haben, hat die Pflanze die Gegenüberstellung gegen die Thierwelt eingebüsst, die ihr die früheren Forscher anwiesen. Ueberall werden Kräfte frei durch die Sättigung von Affinitäten, welche zur Bildung von Kohlensäure und Ammoniak als schliessliche Ruhelage der Atome führt, überall finden sich dieselben Stoffe: Kohlenhydrate, Eiweisskörper, Fette als Bestandtheile der lebenden Wesen. Ja, die eigenthümlichen, besonders wirksamen Stoffe, die Riech- und Geschmacks- und Farbstoffe, die Fermente und Gifte, welche im ganzen weiten Reiche der Pflanzen und Thiere gebildet werden, und die die einzelnen Individuen charakterisiren, lassen sich chemisch in gleiche Gruppen einreihen. Thierisches und pflanzliches Protoplasma lassen sich in ihrer Zusammensetzung kaum unterscheiden, und wenn der Kreis der Umsetzungen, die sie vollziehen, hier etwas weiter, dort etwas enger begrenzt ist, so ist der Charakter derselben doch überall derselbe. Ja, über das Reich der eigentlich thierischen und pflanzlichen Wesen hinaus konnten M. Traube und Hoppe-Seyler denselben in den chemischen Umsetzungen der niedersten Organismen, der Spalt- und Sprosspilze, wiedererkennen, und der Letztere stellte bereits einen allgemeinen chemischen Charakterzug aller der in den lebenden Wesen stattfindenden Vorgänge fest.

Während so die Hoffnung erwuchs, eine einheitliche Grundlage des Lebens in den chemischen Vorgängen zu finden, hatte andererseits die ungeheure Fülle der Lebensformen eine Klärung durch die Darwin'sche Theorie erfahren. Dass die Zusammenlegung dieser Formen in Klassen und Ordnungen, wie sie die systematische Zoologie seit Langem mit Erfolg durchgeführt hatte, ihren endlichen Abschluss in der Zusammenfassung unter einem einzigen Gesichtspunkt finden müsse, hatten philosophische Köpfe, die über die Natur der menschlichen Erkenntniss nachdachten, längst behauptet. Aber es galt, einen Gesichtspunkt aufzufinden, welcher der Forderung Genüge leistet, dass alle bereits gewonnenen Resultate der Eintheilung nicht verloren gehen, d. h. dass die auf den Aehnlichkeiten der Organismen gegründeten Klassen als eine logische Folge des einheitlichen Eintheilungsprincipes erscheinen. Darwin hatte diesen Meisterstreich gethan, indem er, von der Familienähnlichkeit ausgehend, die Abstammung als das die Organismen verknüpfende Band nachwies.

Aber sein Werk bedarf der Ergänzung, weil es noch unverstanden lässt, wie denn Abstammung eine Aehnlichkeit bewirke. Wir sehen wohl, dass dem so ist, aber wir verstehen nicht warum? Und so lange wir das nicht verstehen, werden wir auch nicht einsehen, was die Unähnlichkeit hervorbringt. Der Kampf um's Dasein ist wenigstens in seiner seitherigen Fassung, wie nach und nach Alle einsehen, für die letztere nur eine sehr beschränkte Erklärung.

Die Ergänzung der Darwin'schen Theorie aber ist möglich durch den Nachweis, dass alle thierischen Organismen aus denselben kleinsten Elementen den Zellen zusammengesetzt sind. Die Zelle ist der Einheitsfaktor, der in allen Thieren enthalten ist; nur weil alle Thiere dieses gleiche Grundelement enthalten, können sie von einander abstammen.[1] Die weitere Ausführung dieses Gedankens ergiebt dann, dass die Verschiedenheit der lebenden Wesen erst in zweiter Linie der Modifikation eines Urwesens durch äussere Kräfte; in erster Linie aber der nach Zahl und Gruppirung wechselnden Combination des Einheitsfaktors in den verschiedenen Organismen zuzuschreiben sei. Die Konsequenzen dieses Gedankens habe ich auf der Strassburger Naturforscherversammlung noch weiter entwickelt, indem ich, theils gestützt auf die oben er-

[1] Es wird zur Verdeutlichung dieser Ansicht beitragen, wenn ich den Unterschied derselben gegen die Darwin'sche etwas formulire. Wenn a, b, c, d, e u. s. w. die einzelnen Thierformen darstellen, so nimmt Darwin an, dass aus einer derselben die übrigen durch Modifikationen äusserer Kräfte, die wir kurzweg als Funktionen von Materie und Kraft auffassen können, hervorgegangen seien. Wäre a der Stammvater, so wäre also nach Darwin

$$b = a + F(M, K)$$
$$c = b + F'(M, K)$$
$$= a + F(M, K) + F'(M, K') \text{ u. s. f.}$$

in unendlicher Reihe.

Nach mir dagegen würde in a, b, c, d u. s. f. überall derselbe Grundfaktor α darin stecken, und es wären alle Funktionen von α, aber verschiedener Art, also

$$a = f(\alpha) \quad b = f'(\alpha) \text{ u. s. f.}$$

Die Verschiedenheit der einzelnen Arten wäre durch die Verschiedenheit der Funktionalität gegeben, wobei ich, wie aus dem Folgenden hervorgeht, an die Verschiedenheit der Combination im Sinne der organischen Chemie denke.

wähnte Aehnlichkeit, welche die in den Zellen sich abspielenden chemischen Prozesse mit denen der niedersten Organismen zeigen, theils ausgehend von dem Studium der im Laufe des Lebens der Zellen auftretenden Metamorphosen, die Ansicht aussprach, dass die Zelle selbst wieder als ein zusammengesetztes Wesen, als entstanden durch die Kombination noch niederer Organismen, der Pilze, aufzufassen sei. Meine Idee geht also dahin, dass einerseits in allen Lebensformen dasselbe Formelement, andererseits in allen Lebensvorgängen derselbe Grundprozess wiederzufinden sei, und dass eines und das andere zusammengenommen, das Leben des niedersten, überhaupt möglichen lebenden Organismus darstellte.

Ich würde auf den Gedanken der Möglichkeit einer solchen Kombination eines und desselben Grundfaktors zu immer complicirteren Erscheinungen nicht gekommen sein, wenn mir nicht die organische Chemie das Beispiel der Möglichkeit eines solchen Systems und eine Idee von den bei der Kombination wirksamen Kräften gegeben hätte. Ja, ich stelle mir geradezu das System der lebenden Wesen als eine Fortsetzung des Systems der Körper der organischen Chemie vor. Dieselbe heisst nicht umsonst organisch, ihr Objekt sind ja die in den lebenden Wesen vorkommenden Verbindungen, ihre Bedeutung ist längst durch den meiner Ansicht nach zu einseitigen Ausspruch, dass das Leben ein chemischer Prozess sei, gewürdigt. Trotzdem wird man sich über die Kühnheit, die lebenden Wesen selbst als eine höhere Art von chemischen Körpern aufzufassen, nur verwundern. Neu ist zwar dieser Gedanke nicht, schon Pflüger hat beiläufig die Meinung ausgesprochen, dass vielleicht ein ganzes, lebendes Wesen als ein Molekül anzusehen sei. Indessen will ich hier eine ganz präzise Vorstellung schaffen, und dazu scheint mir der Begriff Molekül nicht geeignet. Zwar haben die Chemiker angefangen, denselben in einem laxen Sinn zu gebrauchen, und einige derselben sprechen von intramolekularen Umlagerungen, also von Veränderungen in der relativen Stellung der Atome innerhalb des Moleküls. Im Allgemeinen versteht man jedoch unter Molekül eine feste, bestimmte Verbindung von Atomen untereinander, und eine solche ist nicht das, was die lebenden Wesen charakterisirt. Es ist vielmehr die fortwährende Umlagerung der Atome, die Leben bewirkt, aber auch diese muss in einer bestimmten Weise vor sich gehen. Um kurz deutlich zu machen, was ich meine, ist es vielleicht am besten, an den zwischen Liebig und Pasteur geführten Streit über die Gährung zu erinnern. Den Ausgangspunkt bildete die eigenthümliche Fähigkeit des Gährungsfermentes, unbegrenzte Mengen von Zucker umwandeln zu können, ohne selbst dabei zerstört zu werden. Liebig glaubte diese Eigenschaft auf chemischem Wege erklären zu können, während Pasteur sie auf den Lebensprozess der Gährungsorganismen zurückführte.

In diesem Streite hat bekanntlich Pasteur Recht behalten, denn es ist wirklich das Leben des Hefepilzes, das die Umsetzung bewirkt. Aber ist nicht jetzt vielleicht die Frage so viel reifer geworden, dass man über dieses Stadium hinweg zu Liebig zurückkehren und fragen dürfte: Ist nicht der Lebensprozess dieser Gährungsorganismen auch ein chemischer Vorgang? In diesem Sinne hat bereits Nägeli eine Lösung der Frage versucht.

Wenn wir aber das Resultat dieser ganzen Diskussion ziehen wollen für unsere These, so ist es dies: Pasteur hat gezeigt, dass überall, wo eine gewisse Art von Vorgängen stattfindet, deren wesentlichstes Charakteristikum durch die Nichtzerstörung der wirkenden Substanz bei der Wirkung gegeben ist, lebende Wesen die Ursache bilden. Diese Charakteristik ist eine so treffende für das Leben, dass sie bekanntlich genügt hat, damit Henle aus ihrem Zutreffen für das Kontagium der Infektionskrankheiten voraussagen konnte, dass dasselbe auf den Lebensprozess von Mikroorganismen zurückgeführt werden müsse. Und wie Recht er darin hatte, wissen wir heute. Wo also eine gewisse Art von Umsetzungen stattfindet, das, wissen wir, ist Leben. Andererseits aber dachte Liebig, dass diese Art von Umsetzungen auf rein chemischem Wege bewerkstelligt werden könnte. Er glaubte damit einen bestimmten Gegensatz zu jener anderen Ansicht ausgesprochen zu haben. Wir aber, die wir das Leben unterdessen etwas haben kennen und analysiren lernen, sind der Meinung, dass das gar kein Gegensatz ist. Derjenige chemische Prozess, der diese Umsetzungen bewirken würde, wäre eben der Lebensprozess, es wäre jener einfachste Grundvorgang des Lebens, aus dem alle übrigen nur als Komplicationen sich ableiten.

Und damit treten wir dem Grundelement des Lebens, das wir zunächst als einen Vorgang und nicht als eine Form auffassen, näher. Es ist nach der oben gegebenen Charakteristik klar, dass dieser Vorgang als ein cyklischer aufgefasst werden muss, d. h. damit nicht eine Erschöpfung eintrete, müssen die wirksamen Stoffe nach der Wirkung wieder in den Anfangszustand zurückkehren. Da es sich um einen chemischen Vorgang handelt, so können wir dies auch so ausdrücken: Nach vollendeter Umsetzung müssen sich die Moleküle wieder in derselben Weise gruppiren, wie sie anfänglich gruppirt waren. Der Typus einer solchen cyklischen Veränderung ist bekanntlich die Williamson'sche Aetherbildung, bei der es gelingt, mit Hülfe einer gegebenen Menge Schwefelsäure eine unbegrenzte Menge von Alkohol in Aether überzuführen, weil die Schwefelsäure immer wieder regenerirt wird. In unserem Elemente müssten wir uns also eine Anzahl von Molekülen derartig vereinigt denken, dass sie nach einem Stellungswechsel immer wieder in die Anfangslage zurückkehren, oder, noch besser, dass die einzelnen Glieder, successive aus einer Stellung in die andere übergehend, eine Art Kreisbahn durchlaufen. Ich will ein solches Element eine Cyklide nennen.

Denken wir uns die Cyklide in irgend einem Moment in Ruhe, so entspricht sie einem Molekül, denn auch eine Verbindung von mehreren Molekülen ist ja ein Molekül. Aber in jedem Moment ihres Cyklus entspricht sie einem andern Molekül, und sie stellt daher die höhere Einheit dar als das Molekül, die Vereinigung aller bei ihrer cyklischen Umsetzung entstehender Moleküle zu einem Ganzen, dessen Kräfte und Bedingungen durch die seiner Theile gegeben sind, und das doch wieder etwas anderes ist, als diese Theile. Wie nun in der organischen Chemie die höhere Einheit die Eigenschaften der niederen wiederholt, wie das Molekül in Bezug auf das Schliessen von Verbindungen sich verhalten kann wie das Atom, so besitzt auch die Cyklide die Eigenschaften des Moleküls. Sie kann Verbindungen eingehen mit Molekülen und mit anderen Cykliden, und es sind hier dieselben Fälle möglich, wie bei den Molekülen: Substitutionen, Paarungen, Kondensationen und Zusammenschluss mit anderen zu Cykliden höherer Ordnung. Alle die Möglichkeiten finden ihre Verwendung bei dem Aufbau der Organismen, sie sind das, was das Gesetz der Kombination derselben bestimmt, in ihnen ist das wahre Geheimniss der Mannigfaltigkeit der lebenden Wesen enthalten.

Aber ich darf hier nicht abschweifen von der Auseinandersetzung nur der allereinfachsten Verhältnisse. Ist jede Cyklide schon ein lebendes Wesen? Vielleicht gehören zwei dazu, um ein lebendes Wesen zu bilden? Aber die Cykliden müssen auch von einer besonderen Art sein, d. h. der in ihnen sich abspielende chemische Vorgang muss zur Bildung von Körpern führen, welche einen höheren Brechungsindex haben, als das Wasser. Cykliden, welche diese Eigenschaft nicht haben, erscheinen uns nicht als lebende Wesen. Denn unsere Kenntniss von den letzteren geht von der Anschauung, d. h. davon aus, dass wir sie sehen. Zu dem Sehen gehört aber eine Differenz des Brechungsindex gegen das umgebende Medium, und dies ist für diese ersten Bildungsstufen des Lebens nothwendig das Wasser. Es muss ein sichtbarer Vorgang da sein, wenn der chemische Prozess uns als ein lebendes Wesen erscheinen soll, es muss sich eine Substanz von anderer Brechbarkeit aus der Lösung heraussondern. Diejenige Substanz aber, welche diese Sonderung am vollkommensten erfüllt und deren Brechbarkeit die relativ höchste ist, ist das Fett. Und Fett ist in der That das Endziel des Stoffwechsels aller lebenden Wesen, der höchste Punkt, an dem die Umwandlung in dem Einzelindividuum stillsteht und das dann zur Bildung der nächsten Generation verwendet wird. Fett ist aber auch für den im Wasser lebenden Organismus der nothwendige Schutz, um seine Substanz gegenüber der lösenden Wirkung des Wassers zu erhalten. Es ist die Bedingung und das Endziel des Stoffwechsels, und wir können daher sagen, diejenigen Cykliden, welche die Grundelemente der lebenden Wesen bilden,[1] müssen in ihrer Anfangs- und Endlage Fett oder fettähnliche Verbindungen enthalten.

[1] Auch die Pilze bilden Fett, und die grosse Resistenz, welche ihre Sporen darbieten, beruht auf den Fetthüllen, welche sie haben.

Ich weiss nicht, ob man bemerkt, dass durch die letztere Aufgabe, die ich den Cykliden zugewiesen habe, die Bildung der Form der lebenden Wesen in den Bereich der Betrachtung gerückt wird. Jenes allmähliche Losringen der Verbindungen mit höherem Brechungsindex, ihr allmähliches Abschliessen gegenüber dem Wasser führt eben zur Bildung einer sichtbaren Form. Und da die Bildung des Fettes sowohl als Anfangs- wie als Endlage der Cyklide bezeichnet wird, bildet die Form sowohl den Ausgangspunkt der im lebenden Wesen thätigen Kräfte, wie ihr Endziel.

Es wird mir schwer, diesen Satz deutlich genug zu formuliren, weil sein Verständniss in jedem Hörer und Leser einem inneren, fast unbesieglichen Widerstand begegnet. Wenn ich mich blos begnügte zu sagen, die Anfangsgruppirung der Moleküle ist die Ursache der Kräfte, die sie entwickeln, und die Endgruppirung das Resultat, würde man mir dies zugeben. Ja, man würde mir vielleicht auch noch folgen, wenn ich im Sinne der Strukturchemiker ausführte, diese Gruppirung sei eben eine relative Lagerung der Atome im Raum. Aber eine Form, eine sichtbare Form als Ausgangspunkt, sagen wir geradezu als Ursache der Kräfte — das ist nicht denkbar, wird man sagen. Nicht anschaubar, das gebe ich zu, aber denkbar ist es wohl und denkbar muss es sein, wenn die Beziehungen zwischen den Formen der lebenden Wesen und ihren Kräften jemals aufgeklärt werden sollen. Es ist eben das schwerste Bedenken, welches man gegen die Lösbarkeit des Problems aufstellen konnte, das gewesen, dass auch bei der vollständigsten Zurückführung der Formen wie der Kräfte auf die Einheit das Verhältniss beider immer unerklärt bleiben würde und damit gerade das für das Leben charakteristische Moment. Aber diejenigen, welche den Fortschritten der Erkenntnisstheorie gefolgt sind, wissen längst, dass die Erscheinungen der Gegenstände der Aussenwelt, also auch der lebenden Wesen, geknüpft sind an die Organe, die sie uns vermitteln, also an die Einrichtung unserer Sinnesorgane. Wenn unsere Sinnesorgane uns Form und Kraft nicht in einem ursächlichen Verhältniss zeigen, so kann das an einer Beschränkung liegen, der sie unterworfen sind. Dieser Beschränkung aber könnten wir vielleicht begegnen, wenn wir ihre Natur und Einrichtung kännten. Hier gerathen wir offenbar in einen Zirkel. Die Erklärung der lebenden Wesen hängt an der Natur des Apparates, durch den wir es kennen lernen. Dieser Apparat ist aber selbst ein Theil von lebenden Wesen und seine Natur nur aus der der letzteren erklärbar. Die Schlange beisst sich in den Schwanz.

Ich kenne Niemanden, den dieses Dilemma nicht erschreckt hätte. Und doch glaube ich, dass es auch aus ihm einen Ausweg giebt. Es liegt darin, dass wir nicht blos erkennende, sondern auch handelnde Wesen sind. Wir treten eben aus dem Kreis heraus. Die Menschheit hat, durch die Nothwendigkeit gedrängt, schon längst die ihr durch die ungenügende Erkenntniss der

Aussenwelt eingeflösste Scheu abgelegt und auf diese handelnd zurückzuwirken angefangen. Zwar ist sie sich dunkel bewusst, dass die Anschauung, von der sie ausgeht, eine unvollständige ist, denn jedes Handeln ist ursprünglich ein unsicherer, tastender Versuch. Aber der Erfolg giebt ihr die Sicherheit. Und woher kommt es, dass der Erfolg ein solches von unvollständigen Vorstellungen ausgehendes Handeln krönt, mit anderen Worten, weshalb entspricht die Aussenwelt dem Handeln, aber nicht den Vorstellungen? Weil sich den Vorstellungen in unserem Inneren auf dem Weg zum Handeln noch ein Prinzip beigesellt, welches die nothwendige Ergänzung zu denselben bildet. Und dieses Prinzip, welches wir enthalten, weil wir lebende Wesen sind, ist es gerade, welches uns die lebenden Wesen und durch dieselben die Welt überhaupt verständlich macht. Ich will die Art und Weise, wie dieses ergänzende Prinzip auf die Vorstellungen wirkt, an einem wissenschaftlichen Beispiel klar machen. In Bezug auf die Wissenschaft bedeutet das Handeln das Experiment. Diejenige unter den Schwestern, welche ihre Fortschritte am meisten auf das Experiment gegründet hat, und die darum in ihrem Wissen die sicherste geworden ist, ist die Physik. Sehen wir uns einmal an, auf welche Einheitsprinzipien sie ihre Erscheinungen zurückführt. Maxwell, dessen Kompetenz Niemand bezweifeln wird, definirt die Energie als die Fähigkeit, Arbeit zu leisten.

Woher hat er diesen Begriff der Fähigkeit genommen? Doch nirgends anders, als aus sich selbst; in der Erscheinungswelt wird er nicht angetroffen. Noch deutlicher wird uns der Ursprung in der Definition der Arbeit, als des Aktes der Hervorbringung einer Veränderung in der Konfiguration eines Systems entgegen einer Kraft, welche dieser Veränderung widerstrebt.

Hier erkennen wir erstens, dass der Physiker den Begriff einer Kraft angetroffen hat, welche er für sich auffassen kann. In der Erscheinungswelt findet er nur bewegte Massetheilchen, welche ihre Bewegung wieder auf andere übertragen, aber eine Kraft, die für sich den Ausgangspunkt einer Bewegung bildet, die findet er nur in seinem Innern, in der Vergegenwärtigung der Quelle seines eigenen Handelns, in seinem Willen.[1] Mit anderen Worten, die Kenntniss davon, dass es eine Kraft gebe, welche für sich aufgefasst werden könne, kann keiner anderen Erfahrung entnommen sein, als derjenigen, welche wir als lebende Wesen über uns selbst unmittelbar ohne Vermittelung unserer Sinnesorgane haben. So entnimmt der Physiker, und wir alle folgen ihm ja darin, seinen obersten, ordnenden Begriff seiner unmittelbaren Kenntniss der lebenden Wesen. Aus dieser Formulirung aber lernen wir noch weit mehr, denn sie spricht die Wirkung der Kraft aus: als die der Erhaltung resp. der Veränderung der Konfiguration eines

[1] Diejenigen, welche die Philosophie Schopenhauer's kennen, werden hier eine Uebereinstimmung zwischen ihm und mir finden.

Systems von Punkten. Dafür aber dürfen wir ohne Weiteres setzen die Erhaltung und Veränderung der Form, denn jede Form ist die Lage eines Systems von Punkten im Raum. Daraus geht hervor, dass die Physik, indem sie ihr Wissen auf das Handeln, das Können stellte und die Erfahrung der Sinnesorgane durch diejenigen Prinzipien ergänzte, die dem Handeln zu Grunde liegen, bereits zu der Auffassung des Verhältnisses von Kraft und Form gekommen ist, welches ich als das einzig die lebenden Wesen erklärende Prinzip oben aufgestellt habe, nämlich das Verhältniss von Ursache und Wirkung.

Wer diesen Auseinandersetzungen beistimmt, der wird nunmehr die Thätigkeit und Aufgabe der Wissenschaft als etwas Anderes ansehen, als es gewöhnlich geschieht. Sie ordnet nicht blos die Erscheinungen der Aussenwelt nach den einfachsten, in ihnen selbst enthaltenen Begriffen, nein, sie ordnet alle Erscheinungen um nach Begriffen, die sie in unserer eigenen unmittelbaren Kenntniss von uns antrifft. Sie ist eine Befreiung von dem Zwang und der Unvollkommenheit der Erkenntniss, die uns durch unsere Sinne gegeben ist; an deren Stelle schafft sie, in dem Maasse, als ihr die Umformung gelingt, ein ergänztes, anderes Weltbild.

Da aber alles Handeln auf Grund dieses wissenschaftlichen Weltbildes einen so viel sicheren Erfolg hat, als das gewöhnliche Handeln, so dürfen wir hoffen, dass dasselbe in ebensoviel höherem Grade mit der wirklichen Welt übereinstimmt, als das gewöhnliche Weltbild. Zu einem wahren Wissen, wie zu einem wahren Können werden wir freilich erst dann kommen, wenn wir dem Problem des Lebens noch um einen grossen Schritt werden näher getreten sein. Das Leben ist cyklisch, also müssen Ursache und Wirkung sich in ihm umkehren. Wie die Kraft die Ursache der Form, wird auch die Form zur Ursache der Kraft. Die Einsicht in den ersten Satz entnehmen wir unserer subjektiven Kenntniss von den lebenden Wesen, den letzteren Satz werden wir erst begreifen, wenn wir sie als Objekte völlig verstanden haben.

Verlag von VEIT & COMP. in Leipzig.

REDEN

von

Emil du Bois-Reymond.

Zwei Bände. (Erste und zweite Folge.)

gr. 8. 1886/87. geh. 17 M; elegant geb. 21 M.

Jeder Band ist einzeln käuflich.

Erste Folge.

Litteratur, Philosophie, Zeitgeschichte.

gr. 8. 1886. geh. 8 M; eleg. geb. 10 M.

Inhalt: Voltaire als Naturforscher. — Leibnizische Gedanken in der neueren Naturwissenschaft. — Aus den Tagen des norddeutschen Bundes. — Der deutsche Krieg. — Das Kaiserreich und der Friede. — Ueber die Grenzen des Naturerkennens. — Ueber eine kaiserliche Akademie der deutschen Sprache. — La Mettrie. — Darwin versus Galiani. — Culturgeschichte und Naturwissenschaft. — Ueber das Nationalgefühl. — Friedrich II. und Rousseau. — Die sieben Welträthsel. — Friedrich II. in englischen Urtheilen. — Die Humboldt-denkmäler vor der Berliner Universität. — Diderot.

Zweite Folge.

Biographie, Wissenschaft, Ansprachen.

gr. 8. 1887. geh. 9 M; eleg. geb. 11 M.

Inhalt: Ueber die Lebenskraft. — Ueber thierische Bewegung. — Gedächtnissrede auf Paul Erman. — Eduard Hallmann's Leben. — Ueber lebend nach Berlin gebrachte Zitterwelse aus Westafrika. — Gedächtnissrede auf Johannes Müller. — Ueber Universitätseinrichtungen. — Ueber Geschichte der Wissenschaft. — Der physiologische Unterricht sonst und jetzt. — 'Aus den Llanos'. — Ueber die Uebung. — Ueber die wissenschaftlichen Zustände der Gegenwart. — Die Britische Naturforscherversammlung zu Southampton im Jahre 1882. — Darwin und Kopernicus. — Die Berliner Französische Colonie in der Akademie der Wissenschaften. — Akademische Ansprachen.

Plastische Anatomie
des
menschlichen Körpers.

Ein Handbuch für Künstler und Kunstfreunde.

Von

Dr. J. Kollmann,

o. ö. Professor der Anatomie zu Basel.

Mit zahlreichen Abbildungen im Text. Roy.-8. 1886. geh. 14 M; geb. 17 M.

Druck von Metzger & Wittig in Leipzig.

FSC
www.fsc.org
MIX
Papier | Fördert
gute Waldnutzung
FSC® C083411

Zeitfracht Medien GmbH
Ferdinand-Jühlke-Straße 7
99095 Erfurt, Deutschland
produktsicherheit@kolibri360.de